Seguridad con las pistolas de clavos

Guía para los contratistas del sector de la construcción

Departamento de Salud y Servicios Humanos
Centros para el Control y la Prevención de Enfermedades
Instituto Nacional para la Seguridad y Salud Ocupacional

Departamento del Trabajo
Administración de Seguridad y Salud Ocupacional

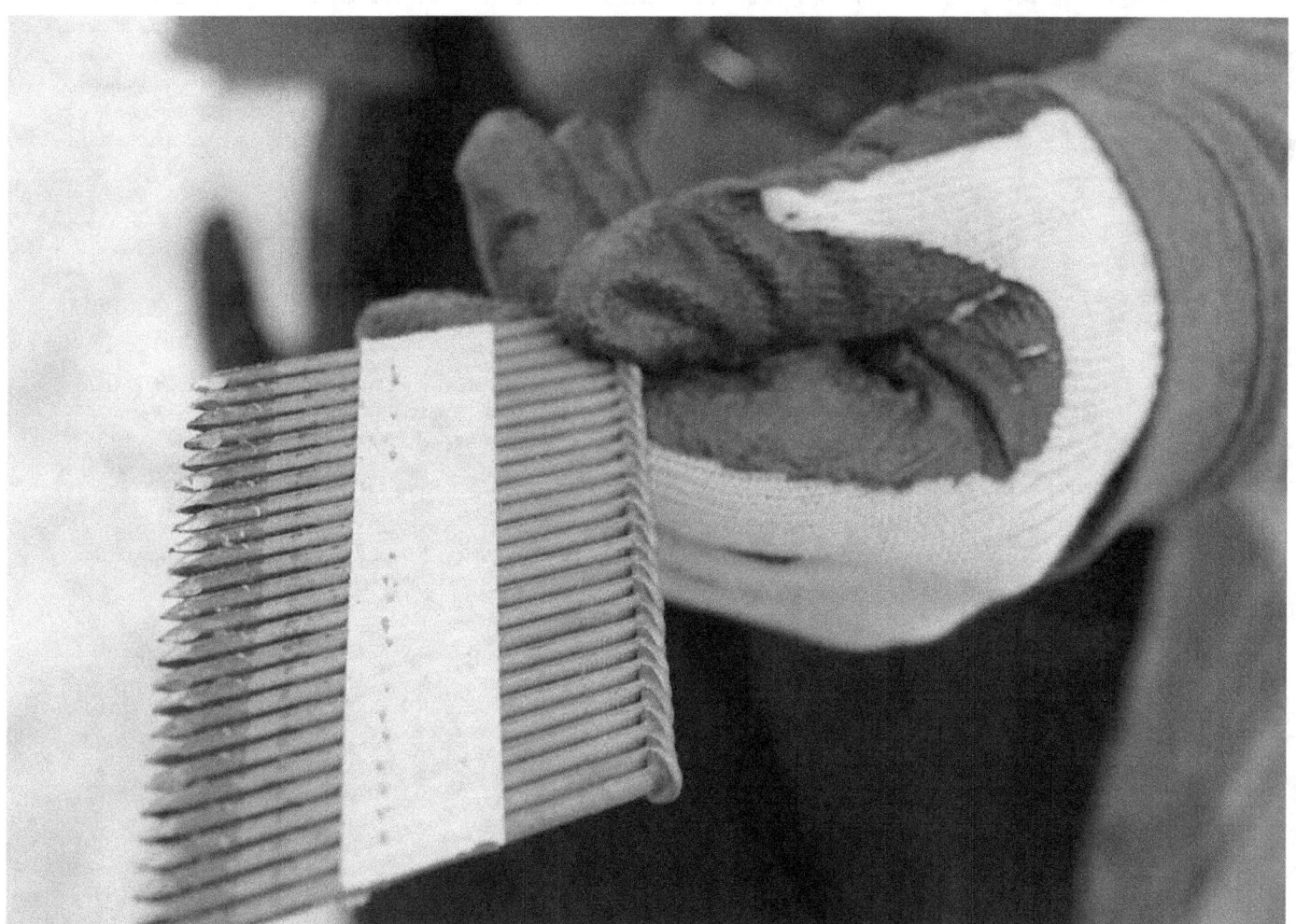

NIOSH y OSHA agradecen a los siguientes por su apoyo en el desarollo de esta guía: los miembros del Comité Consultivo de OSHA para la Salud y Seguridad en la Construcción quienes recomendaron que se desarollara una guía; la Dra. Hester Lipscomb y sus compañeros por sus resultados de la investigación usados en este informe; CPWR – El Centro para la Investigación y la Capacitación en la Construcción por su apoyo de la investigación de pistolas de clavos; Tom Trauger y Winchester Homes por permitir el acceso a lugares de trabajo residenciales para sacar las fotos utilizadas en esta guía; y Javier Arias de la Asociación de Contratistas Hispanos de Tejas por ayudarnos a desarollar la versión en español.

Portada de la radiografía de una lesión por pistola de clavos en la mano que incluyó penetración ósea y requirió remoción quirúrgica. Cortesía de Stephan Mann, MD, MPH; Director Médico, CorpOHS.

Este documento es de dominio público y se puede reproducir e imprimir libremente.

Descargo de responsabilidad

Este documento de guía no es una norma ni reglamento y tampoco crea nuevas obligaciones legales. Contiene recomendaciones y descripciones de las normas de seguridad y salud obligatorias [y de otras regulaciones]. Se trata de una guía de consulta con contenido informativo, cuya intención es ayudar a los empleadores a que proporcionen un lugar de trabajo seguro y saludable. La Ley de Seguridad y Salud Ocupacional exige que los empleadores cumplan con normas y regulaciones de salud y seguridad promulgadas por OSHA o por un estado con un plan aprobado por OSHA. Adicionalmente, la Cláusula General del Deber (General Duty Clause) de la ley, en su Sección 5(a)(1), exige a los empleadores que proporcionen a sus empleados un lugar de trabajo libre de peligros reconocidos que puedan causarles la muerte o graves daños físicos.

Información sobre pedidos

Comuníquese con OSHA
Para solicitar copias adicionales de esta publicación, obtener una lista de otras publicaciones de OSHA, hacer preguntas, conseguir más información o presentar una queja confidencial, comuníquese con OSHA llamando al **1-800-321-OSHA (6742)** o **TTY: 1-877-889-5627** o visite **www.osha.gov**.

Comuníquese con NIOSH
Para recibir más documentos o más información sobre los temas de seguridad y salud ocupacional, comuníquese con NIOSH llamando al: 1-800-CDC-INFO (1-800-232-4636), TTY: 1-888-232-6348; correo electrónico: cdcinfo@cdc.gov o visite el sitio web de NIOSH en www.cdc.gov/niosh.

Resumen ejecutivo

Las pistolas de clavos se utilizan a diario en muchos trabajos de construcción, especialmente en la construcción residencial. Estas herramientas aumentan la productividad pero también causan decenas de miles de lesiones muy dolorosas todos los años. Las lesiones por pistolas de clavos son comunes; un estudio encontró que 2 de cada 5 aprendices de carpintería residencial sufrieron una de estas lesiones en un periodo de cuatro años. Cuando ocurren, a menudo no son reportadas ni se da tratamiento médico alguno. Las investigaciones han identificado los factores de riesgo que hacen más probable que ocurran lesiones por pistolas de clavos. El tipo de sistema de disparo y la cantidad de entrenamiento son factores importantes. El riesgo de una lesión por pistola de clavos se duplica cuando se utiliza un gatillo de múltiples disparos que cuando se utiliza una pistola con disparador secuencial de un solo clavo.

Esta guía es para constructores de casas residenciales y contratistas de la construcción, para subcontratistas y supervisores. NIOSH y OSHA crearon esta publicación para darles a los empleadores de la construcción la información que necesitan para prevenir lesiones por pistolas de clavos. Se describen los tipos de disparadores y términos claves. La guía destaca lo que se sabe acerca de las lesiones por pistolas de clavos, incluidas las partes del cuerpo que con más frecuencia resultan lesionadas y los tipos de lesiones graves que se han reportado. Se analizan las causas comunes de lesiones por pistolas de clavos y se describen seis medidas prácticas que pueden tomar los contratistas para prevenirlas. Estas son:

1) utilizar únicamente pistolas con disparadores totalmente secuenciales;
2) proporcionar capacitación;
3) establecer procedimientos para el trabajo con pistolas de clavos;
4) proveer equipo de protección personal (EPI);
5) promover que se informe y se hable de las lesiones y de las que estuvieron a punto de ocurrir; y
6) proporcionar primeros auxilios y tratamiento médico.

La guía incluye casos reales en lugares de trabajo junto con una sección breve sobre otros tipos de peligros de las pistolas de clavos y recursos de información adicional.

Índice

Introducción 1

Lo que incluye la guía 1

Conozca sus disparadores o gatillos 2

¿Cómo ocurren las lesiones por pistolas de clavos? 4

Seis medidas para la seguridad de las pistolas de clavos: 6

       1. Utilice un disparador totalmente secuencial
       2. Proporcione capacitación
       3. Establezca procedimientos para el trabajo con pistolas de clavos
       4. Suministre equipo de protección individual (EPI)
       5. Promueva que se informe y se hable de las lesiones que ocurrieron y de las que estuvieron a punto de ocurrir
       6. Proporcione primeros auxilios y tratamiento médico

Comentarios sobre otros peligros 11

Conclusión 12

Obtenga información adicional 13

Referencias y notas finales 13

Introducción

Las pistolas de clavos son herramientas poderosas y fáciles de operar que aumentan la productividad en las tareas de clavado. Pero también se les atribuye un estimado de 37,000 visitas anuales a salas de emergencias.[1] Las lesiones graves por pistolas de clavos han causado muertes de trabajadores de la construcción.

Las lesiones por pistolas de clavos ocurren frecuentemente en construcciones residenciales. Alrededor de dos tercios de estas lesiones ocurren durante tareas de armado de estructuras y entablado. También se presentan a menudo en trabajos de techado, paredes exteriores y acabados.[2]

¿Qué tan probables son las lesiones por pistolas de clavos? Un estudio sobre aprendices de carpintero encontró que:

- 2 de cada 5 se lesionaron utilizando una pistola de clavos durante sus 4 años de capacitación.
- 1 de cada 5 se lesionaron dos veces.
- 1 de cada 10 se lesionaron tres o más veces.[3]

Más de la mitad de las lesiones por pistolas de clavos reportadas ocurrieron en las manos y los dedos.[4] Una cuarta parte de estas lesiones en las manos incluyeron daño estructural a los tendones, articulaciones, nervios y huesos. Después de las manos, la mayoría de las lesiones fueron en las piernas, rodillas, muslos, pies y dedos de los pies. Menos comunes son las del antebrazo o la cintura, la cabeza o la nuca, y el tronco. También se han reportado lesiones por pistolas de clavos en la columna vertebral, la cabeza, el cuello, los ojos, órganos internos y huesos. Estas lesiones han causado parálisis, ceguera, daño cerebral, fracturas de huesos y muertes.

Las pistolas de clavos conllevan numerosos peligros y riesgos. NIOSH y OSHA prepararon esta publicación para darles a los constructores y a los contratistas la información más actualizada sobre los peligros de las pistolas de clavos, así como consejos prácticos sobre las medidas que deben tomar para prevenir las lesiones causadas por estas herramientas durante sus trabajos en la construcción.

Lo que incluye la guía

Esta guía abarca pistolas de clavos (también llamadas clavadoras) utilizadas para fijación de madera, tejas laterales y materiales de las paredes exteriores. La guía se refiere específicamente a herramientas neumáticas pero también se aplica a las pistolas de clavos que utilizan gas, a las eléctricas y a las de fuentes híbridas de energía. No abarca las herramientas activadas por pólvora que se utilizan para fijar material al metal o al concreto. La guía supone que los contratistas generalmente están familiarizados con la manera en que operan

Historia en el sitio de trabajo

Un trabajador de la construcción de 26 años de edad de Idaho murió después de un accidente con un una pistola de clavos en abril del 2007. Estaba trabajando en la estructura de una casa cuando se resbaló y cayó. Tenía el dedo en el gatillo de contacto de la pistola que estaba usando. La nariz de la herramienta lo golpeó en la cabeza mientras caía, disparándole un clavo de 3 pulgadas dentro del cráneo. El clavo le lesionó el tronco encefálico causándole la muerte. Los controles de seguridad de la pistola de clavos de encontraron intactos. La muerte y lesiones graves pueden ocurrir utilizando pistolas de clavos, aunque estén funcionando perfectamente.

Términos ilustrados

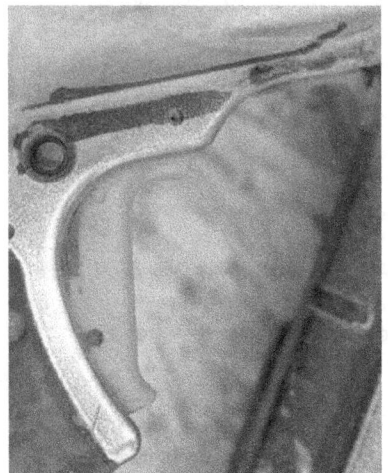

Disparador o gatillo

Dispositivo de contacto de seguridad

Disparo o clavado de rebote es cuando se usa una pistola de clavos manteniendo el gatillo de contacto apretado haciendo que la herramienta salte o rebote a lo largo de la pieza de trabajo para disparar los clavos. Los puntos rojos muestran el trayecto del movimiento.

las pistolas de clavos, así como con los tipos distintos de pistolas de clavos especializadas (por ejemplo, para armado de estructuras, techado y para trabajos de pisos).

Esta guía se aplica a todas las pistolas de clavos. Se hace énfasis en las pistolas de clavos para armar estructuras ("fijación" y "atornillado") porque estas disparan los clavos más largos, son las más poderosas y se consideran las más peligrosas de usar.

Conozca sus disparadores o gatillos

La seguridad con las pistolas de clavos comienza con entender los diversos mecanismos de los gatillos o disparadores. Esto es lo que necesita saber:

Diferencias entre los gatillos

Todas las clavadoras cuentan con dos controles básicos: Un gatillo de dedo y un dispositivo de seguridad de contacto ubicado en la nariz de la pistola. Los mecanismos de disparo pueden variar dependiendo de: 1) La orden en que los controles son activados y 2) si el gatillo se puede mantener oprimido para disparar múltiples clavos o si debe soltarse y oprimirse de nuevo para que dispare uno por uno. La combinación de estas variaciones nos da cuatro clases de mecanismos disparadores. Algunas pistolas de clavos tienen un interruptor de gatillo selectivo que le permite al usuario escoger entre dos o más sistemas de disparo. A continuación se describe cada tipo de gatillo y se presenta un resumen de la manera en que los controles se activan.

Disparador totalmente secuencial

Este es el tipo más seguro de gatillo de pistolas de clavos. Solo dispara un clavo cuando los controles se activan en cierto orden. Primero, el dispositivo de contacto de seguridad se debe empujar en la pieza de trabajo y después el usuario debe apretar el gatillo para disparar el clavo. El dispositivo de seguridad de contacto y el gatillo deben liberarse y activarse nuevamente para disparar otro clavo. Los clavos no se pueden disparar con rebote. Esto también se conoce como gatillo de un solo disparo, gatillo restrictivo o gatillo de tipo descarga.

Disparador de un solo clavo:
Se oprime el contacto de seguridad y después se aprieta el gatillo

Disparador de múltiples clavos:
Se liberan el contacto de seguridad y el gatillo y se repite el proceso

Disparador de contacto

Dispara un clavo cuando el contacto de seguridad y el gatillo están activados en cualquier orden. Se puede oprimir el dispositivo de contacto de seguridad primero y después apretar el gatillo o comenzar apretando el gatillo y después el dispositivo. Si el gatillo se mantiene oprimido, se disparará un clavo cada vez que se oprima el contacto de seguridad. Todos los clavos se pueden disparar con rebote. También conocido como gatillo de rebote, gatillo de disparos múltiples, gatillo sucesivo, gatillo de acción dual, gatillo de disparo de toque, gatillo de disparo de contacto y gatillo de descarga de fondo.

Disparador de un solo clavo:
Se oprime el contacto de seguridad y después se aprieta el gatillo, o se aprieta el gatillo y después se oprime el contacto de seguridad.

Disparador de múltiples clavos:
Se aprieta el gatillo y se mantiene así, después se oprime el contacto de seguridad para disparar un clavo, se suelta y se oprime de nuevo el contacto de seguridad para disparar clavos adicionales.

Disparador secuencial de un solo clavo

Como el disparador totalmente secuencial, este solo dispara un clavo cuando los controles se activan en cierto orden. Primero, el dispositivo de contacto de seguridad se coloca sobre la pieza de trabajo. Después, el usuario aprieta el gatillo para disparar el clavo. Para disparar otro clavo, solo se debe liberar el gatillo. El dispositivo de contacto de seguridad puede seguir dentro de la pieza de trabajo. Los clavos no se pueden disparar por rebote.

Disparador de un solo clavo:
Se oprime el contacto de seguridad y después se aprieta el gatillo

Disparador de múltiples clavos:
Se libera el gatillo, se mueve la pistola y se aprieta el gatillo para disparar clavos adicionales

Disparador de simple acción

Como el disparador de contacto, este dispara un solo clavo cuando el contacto de seguridad y el gatillo están activados en cualquier orden. Se puede disparar otro clavo soltando el gatillo, moviendo la pistola y apretando el gatillo de nuevo sin soltar el dispositivo de contacto de seguridad. Tenga en cuenta que algunos fabricantes se refieren a estos gatillos como "disparadores secuenciales de un solo clavo", pero son distintos. El primer clavo se puede disparar con un gatillo de simple acción pero esto no se puede hacer con un disparador secuencial de un solo clavo.

Disparador de un solo clavo:
Se oprime el contacto de seguridad y después se aprieta el gatillo o se aprieta el gatillo y después se oprime el contacto de seguridad.

Disparador de múltiples clavos:
Se libera el gatillo, se mueve la pistola y se aprieta el gatillo para disparar clavos adicionales

Otros términos sobre gatillos

El reglamento voluntario de la asociación *International Staple, Nail and Tool Association* (ISANTA), incluye definiciones técnicas para los "sistemas de acción" de los disparadores. Los fabricantes de herramientas tienen nombres para los modos de gatillos como "método de operación intermitente" o

Términos útiles

Rebote es el retroceso o retracción rápida después de que se dispara el clavo.

Un disparo doble ocurre cuando se dispara un segundo clavo involuntariamente porque la clavadora hizo contacto de nuevo con la pieza de trabajo después del rebote. También puede ocurrir si se desliza el contacto de seguridad mientras el usuario está posicionando la pistola. Muchos fabricantes de herramientas ofrecen dispositivos "contra disparo doble" para sus pistolas de clavos.

Usted debe saber que:

La descarga involuntaria de clavos es una causa frecuente de lesiones. Un estudio de registros de indemnizaciones a trabajadores encontró que dos terceras partes de los reclamos por lesiones por pistolas de clavos incluyen algún tipo de descarga involuntaria o disparo errado.[6]

Historia en el sitio de trabajo

Dos obreros trabajaban juntos poniendo y clavando el contrapiso. Uno estaba esperando y sujetaba la pistola de clavos con su dedo en el gatillo de contacto. El otro estaba caminando hacia atrás en dirección a su compañero llevando un panel de madera contrachapada. Este chocó con la punta de la pistola de clavos que le disparó en la espalda. El clavo le pinchó el riñón, pero afortunadamente se recuperó. Como resultado de este incidente, el contratista hizo un cambio para que solo se utilizaran disparadores secuenciales en trabajos de armado de estructuras. Sus compañeros de obra pueden lesionarse si chocan contra el gatillo de contacto de su pistola de clavos. Usted puede prevenirlo utilizando disparadores totalmente secuenciales sequential trigger.

"disparo de colocación con precisión". Los contratistas y trabajadores utilizan sus propios nombres para los gatillos y los mecanismos de acción como de "disparo sencillo" y de "disparo múltiple".

Lo importante es: Los contratistas deben revisar la etiqueta de la herramienta y el manual para saber los nombres de gatillos específicos dados por el fabricante y la información sobre su funcionamiento.

¿Cómo ocurren las lesiones por pistolas de clavos?

Hay siete factores de riesgo principales que pueden causar estas lesiones. Entenderlos puede ayudarle a prevenir lesiones en sus lugares de trabajo:

Disparo involuntario de clavos adicionales por disparos dobles.
Se produce con gatillos DE CONTACTO.

La Comisión para la Seguridad de los Productos de Consumo (CPSC) encontró que las clavadoras con gatillos de contacto tienen más probabilidad de hacer disparos dobles, especialmente cuando se trata de colocar la pistola en el lugar exacto contra la pieza en que se trabaja.[5] Se determinó que un segundo disparo involuntario puede ocurrir antes de que el usuario pueda reaccionar y soltar el gatillo. Los clavos inesperados pueden causar lesiones.

Los disparos dobles pueden ser un problema particular para los trabajadores novatos cuando hacen presión fuerte en la herramienta para contrarrestar el rebote. También pueden ocurrir cuando el usuario trabaja en una posición difícil o incómoda, como en espacios estrechos donde la pistola no tiene suficiente espacio para rebotar. Esta misma retracción de la pistola incluso puede causar una lesión que no sea por clavos en espacios estrechos si golpea la cabeza o el rostro del usuario.

Descarga involuntaria de clavos al golpear el contacto de seguridad con el gatillo apretado.
Ocurre con gatillos de CONTACTO y de SIMPLE ACCIÓN.

Las pistolas con gatillo de contacto y de simple acción disparan si el gatillo se mantiene apretado y el dispositivo de contacto de seguridad se empuja u oprime por error contra una persona u objeto. Por ejemplo, un obrero puede golpear su pierna al bajar de una escalera o chocar contra un compañero al pasar por el marco de la puerta. Las clavadoras con gatillos de contacto pueden descargar múltiples clavos y las de gatillos de simple acción pueden soltar uno solo y causar una lesión.

Sostener o llevar pistolas de clavos de gatillos de estas dos clases con el gatillo apretado aumenta el riesgo de descarga involuntaria de clavos. Los obreros de la construcción acostumbran mantener un dedo en el gatillo porque es más natural sostener y cargar una pistola de 8 libras utilizando todo el agarre de cuatro dedos. Sin embargo, los fabricantes de herramientas advierten que eso no se debe hacer.

Penetración del clavo en la madera con que se trabaja.
Ocurre con TODOS los tipos de gatillos.

Los clavos pueden pasar a través de una pieza con la que se trabaja y clavarse en la mano del trabajador o salir disparados volando (por el aire) como un proyectil. Un ejemplo es un clavo que se tuerce. Esto puede ocurrir cuando un clavo se coloca cerca de un nudo en la madera. Los nudos conllevan un cambio en las vetas de la madera, lo cual genera puntos blandos y puntos duros que pueden hacer cambiar la dirección del clavo y que salga de la pieza con que se trabaja. La penetración del clavo es de especial preocupación para el trabajo de colocación en donde una pieza de madera necesita sujetarse en un lugar con la mano. Si el clavo se desvía o atraviesa la madera, puede lesionar la mano que está sosteniendo la pieza.

Rebote de clavos después de golpear una superficie dura o algo de metal.
Ocurre con TODOS los tipos de gatillos.

Cuando un clavo golpea una superficie dura, tiene que cambiar de dirección y puede rebotar de la superficie, convirtiéndose en un proyectil. Los nudos de la madera y la ferretería de las estructuras metálicas son causas frecuentes de rebote. También se han detectado problemas de rebote al clavar en vigas compactas laminadas. Los clavos que rebotan pueden alcanzar al obrero o a un compañero de trabajo y causarles una lesión.

Desvío de la pieza de trabajo.
Ocurre con TODOS los tipos de gatillos.

Las lesiones pueden ocurrir cuando la punta de la pistola no hace contacto completo con la pieza de trabajo y el clavo disparado sale volando por el aire. Esto puede ocurrir cuando se clava cerca del borde de una pieza de trabajo, como una placa. Ubicar el contacto de seguridad es más difícil en estas situaciones y a veces el clavo disparado pasa de largo por completo la madera. También se han presentado lesiones cuando el disparo de un clavo a través de madera contrachapada o de láminas de un tablero de virutas orientadas no da en el blanco y el clavo sale volando por el aire.

Clavado en posición difícil o incómoda.
Ocurre con TODOS los tipos de gatillos.
Los disparos involuntarios son una preocupación frecuente cuando se trabaja en posiciones difíciles o incómodas con gatillos de CONTACTO y de SIMPLE ACCIÓN.

Clavar en posiciones difíciles o incómodas cuando es más difícil controlar la pistola y su rebote puede aumentar el riesgo de lesiones. Estas posiciones difíciles o incómodas incluyen clavado oblicuo, clavar por encima de la altura del hombro, clavar en espacios estrechos, sostener la pistola con la mano que no es la dominante, clavar estando en una escalera o clavar cuando el cuerpo

Términos ilustrados

Agarre normal de una pistola de clavos con un dedo en el gatillo

La penetración del clavo a través de la madera es una preocupación especial cuando la pieza se posiciona con la mano

Clavado oblicuo

Usted debe saber que:
Estudios sobre carpinteros residenciales han encontrado que el riesgo general de lesiones por pistolas de clavos es el doble de alto cuando se utilizan pistolas de clavos de disparadores de contacto en comparación con las de gatillos secuenciales.[8]
Tenga en cuenta que los estudios pueden no cuantificar los riesgos de lesiones asociados a ciertas tareas; es probable que algunas tareas con clavos sean más peligrosas que otras.

Alrededor de 1 de cada 10 lesiones por pistolas de clavos se causan a compañeros.[9] Esto ocurre por clavos que vuelan por el aire (como proyectiles) o por chocar contra un compañero cuando se lleva una pistola de clavos de disparador de contacto teniendo el gatillo apretado.

La norma voluntaria de ANSI[10] hace un llamado para que todas las clavadoras neumáticas grandes para armado de estructuras fabricadas después del 2003 se envíen con un disparador secuencial. Sin embargo, puede que estos no siempre sean disparadores TOTALMENTE SECUENCIALES. Puede ser necesario que los contratistas se comuniquen con los fabricantes o proveedores para poder comprar un kit de disparador TOTALMENTE SECUENCIAL.

Historia en el sitio de trabajo
Un aprendiz de carpintero se lesionó la pierna derecha el primer día que utilizó una pistola de clavos. Estaba trabajando en una escalera de tijera y estaba bajando la pistola hacia el lado cuando la herramienta chocó contra su pierna y le disparó un clavo. No había recibido capacitación antes de manejar la pistola. La capacitación de los trabajadores nuevos es importante y debe incluir práctica de las destrezas.

del usuario está en la línea de tiro (disparando en dirección hacia usted mismo). El clavado oblicuo es difícil porque la pistola no se puede sostener nivelada contra la pieza de trabajo. Clavar desde una escalera hace difícil colocar la pistola en la posición exacta. Clavar desde una distancia incómoda desde una escalera, una plataforma de trabajo elevada o desde el borde principal también pone al usuario en riesgo de una caída.

Paso por alto de mecanismos de seguridad.
Ocurre con TODOS los tipos de gatillos.

Pasar por alto o desactivar ciertas características del gatillo o del dispositivo de contacto de seguridad constituye un importante riesgo de lesión. Por ejemplo, remover el resorte del dispositivo de contacto de seguridad hace más probable una descarga inesperada. Modificar las herramientas puede generar problemas de seguridad para todos los que usen las pistolas de clavos. Los fabricantes de las pistolas de clavos advierten categóricamente que no se deben pasar por alto los dispositivos de seguridad y los reglamentos voluntarios prohíben modificaciones o adulteraciones.[7] La norma de OSHA para la industria de la construcción, 29 CFR 1926.300(a) exige que todas las herramientas manuales y eléctricas y equipos similares, ya sean suministrados por el empleador o por el empleado, se mantengan en condición segura.

Seis medidas para la seguridad de las pistolas de clavos:

❶ Utilice un disparador totalmente secuencial

El disparador totalmente secuencial es siempre el mecanismo de disparo más seguro para el trabajo. Reduce el riesgo de descarga involuntaria de clavos y disparos dobles, además de lesiones por chocar contra compañeros.

- Como mínimo, proporcione disparadores secuenciales para trabajos de colocación en que la madera tenga que sujetarse en el lugar con la mano. Algunos ejemplos son la construcción de paredes, clavado de refuerzos, fijación de puntales a placas y refuerzos de puntales e instalación de armazones.

    El disparo inesperado de clavos es más probable que produzca una lesión en la mano o el brazo por trabajos de colocación en comparación con el trabajo en superficies planas, donde la madera no tiene que sujetarse con la mano. Ejemplos de trabajo en superficies planas incluyen techado, entablado y contrapisos.

- Considere limitar el trabajo con pistolas de clavos con disparadores totalmente secuenciales a empleados inexpertos que comienzan el oficio. Algunos contratistas que utilizan más de un tipo de gatillo en sus obras codifican con colores las pistolas de clavos para que el tipo de gatillo pueda ser identificado rápidamente por trabajadores y supervisores.

- Algunos contratistas se han negado a utilizar disparadores totalmente secuenciales por temor a pérdida de productividad. ¿Cómo se comparan los diferentes tipos de disparadores?

    Un estudio examinó a 10 obreros experimentados que construyeron y fijaron dos pequeñas estructuras de madera idénticas (8 pies x 10 pies), una utilizando una pistola de clavos de disparador secuencial y la otra con una pistola de disparador de contacto. Se construyeron estructuras pequeñas en el estudio para que cada obrero tuviera tiempo de completar dos barracas.

    El tiempo promedio de clavado utilizando el disparador de contacto fue 10% más rápido, equivalente a menos del 1% del tiempo total de la construcción al incluir cortado y configuración.[11] Sin embargo, en este estudio, el tipo de disparador era menos importante para la productividad total que la persona que utilizaba la herramienta; esto sugiere que las preocupaciones sobre la productividad se deben enfocar en la destreza del carpintero en lugar de en el gatillo.

    Aunque el estudio no evaluó el armado de estructura de una residencia o el alumbrado de una edificación comercial, muestra que la productividad no se relaciona solo con el gatillo. Las estructuras de madera que se construyeron para el estudio incluyeron tipos comunes de tareas de clavado (clavado en superficies planas, clavado de traspaso para unión de piezas, clavado oblicuo) y permitieron comparaciones del tiempo promedio total de clavado y del tiempo total del proyecto. El estudio no comparó las diferencias de productividad para cada tipo de tareas de clavado utilizadas para construir las barracas.

❷ Proporcione capacitación

Tanto los trabajadores novatos como aquellos con experiencia se pueden beneficiar de la capacitación en seguridad para aprender acerca de las causas de las lesiones por pistolas de clavos y las medidas específicas para reducirlas. Asegúrese de que la capacitación se haga de manera que los empleados puedan entender. La siguiente es una lista de temas para la capacitación:

- Cómo funcionan la pistolas de clavos y cómo se diferencien los disparadores o gatillos.
- Principales causas de lesiones y diferencias entre los tipos de gatillos.
- Instrucciones suministradas en los manuales de herramientas del fabricante y dónde guardar los manuales.
- Capacitación práctica con clavos reales que se utilizan en el trabajo. Esto le da a cada empleado una oportunidad de manipular la clavadora y recibir comentarios sobre aspectos relacionados con
    - Cómo cargar la pistola de clavos.
    - Cómo operar el compresor de aire.
    - Cómo disparar la pistola de clavos.
    - Cómo sujetar la madera durante trabajos de colocación.

Historia en el sitio de trabajo

Después de que sus equipos de trabajo experimentaron muchos disparos dobles y una lesión grave por esa causa, un contratista de Nueva Jersey hizo un cambio para que solo se utilizaran disparadores secuenciales. El contratista cree que así eliminó el riesgo de las lesiones por disparos dobles y calcula que el cambio solo ha tenido un impacto leve en la productividad (de unas cuantas horas de más por casa).

Usted debe saber que:

La capacitación es importante: Los trabajadores no capacitados tienen más probabilidad de sufrir una lesión por pistolas de clavos que los que recibieron capacitación. [12]

Pero la capacitación no bloquea los gatillos: los trabajadores capacitados que utilizan gatillos de contacto tienen el doble de posibilidad de lesiones que los capacitados que utilizan gatillos secuenciales.

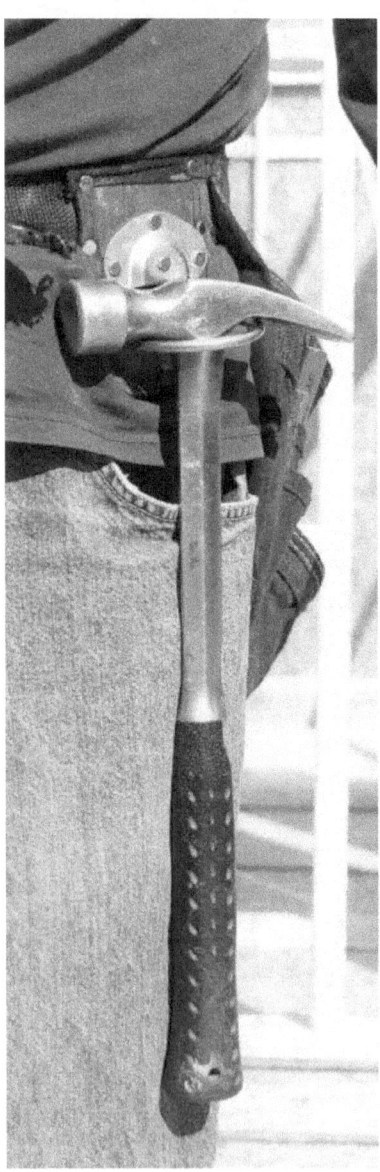

– Cómo reconocer y trabajar con superficies de trabajo susceptibles de rebote.

– Cómo realizar el trabajo en posiciones difíciles o incómodas (p. ej., clavado oblicuo y trabajo en escaleras).

– Cómo lidiar de la mejor manera con los riesgos especiales asociados a los gatillos de contacto y de simple acción, como el rebote de los clavos y los disparos dobles. Por ejemplo, capacite a los empleados nuevos sobre cómo minimizar los disparos dobles permitiendo que la pistola rebote en lugar de seguir apretándola después de que dispare.

- Qué hacer cuando falla una pistola de clavos.
- La capacitación también debe abarcar aspectos cubiertos en las secciones siguientes de la guía, como procedimientos de la compañía para el trabajo con pistolas de clavos, equipo de protección individual, notificación de lesiones y primeros auxilios y tratamiento médico.

❸ Establezca procedimientos para el trabajo con pistolas de clavos

Los contratistas deben crear sus propios reglamentos para el trabajo con pistolas de clavos y procedimientos para abordar los factores de riesgo y hacer el trabajo lo más seguro posible. A continuación algunos ejemplos de aspectos para procedimientos sobre el trabajo de contratistas, aunque no son los únicos:

Lo que se debe hacer

- Asegúrese de que los manuales de herramientas para las clavadoras utilizadas en la obra estén siempre disponibles en el lugar de trabajo.
- Asegúrese de que se entienda y se cumpla lo indicado por el fabricante en las etiquetas e instrucciones de las herramientas.
- Revise las herramientas y fuentes de energía antes de comenzar a trabajar para asegurarse de que estén funcionando bien. Retire del servicio inmediatamente las pistolas de clavos averiadas o que tengan fallas.
- Disponga la operación de manera que los trabajadores no estén en la línea de disparo de las pistolas de clavos que estén operando sus compañeros.
- Revise las superficies de madera antes de clavar; busque nudos, clavos, correas, viguetas, etc. que puedan causar retracción o rebote.
- Utilice un martillo o un clavo de colocación positiva al clavar piezas de uniones de metal o madera irregular.
- Para trabajos de colocación, mantenga las manos todo el tiempo a una distancia de por lo menos 12 pulgadas del punto de clavado. Considere utilizar ganchos para agarrar en lugar de utilizar sus manos.
- Siempre dispare las pistolas de clavos lejos de su cuerpo y de sus compañeros.
- Desconecte el aire comprimido siempre que:
  – Deje una clavadora desatendida.
  – Suba o baje por escalones o escaleras.

- Le pase la pistola de clavos a un compañero.
- Retire los clavos atascados.
- Realice cualquier otra tarea de mantenimiento de la pistola de clavos.

- Reconozca los peligros de los trabajos en posiciones difíciles o incómodas y proporcione más tiempo y medidas de precaución:
  - Utilice un martillo si no puede alcanzar el punto de trabajo mientras sostiene la pistola de clavos con su mano dominante.
  - Utilice un martillo o cambie de posición para trabajar a la altura de la cara o la cabeza. El rebote es más difícil de controlar y puede ser peligroso.
  - Utilice un martillo o clavadora de disparador totalmente secuencial cuando trabaje en un espacio estrecho. El rebote es más difícil de controlar y se pueden presentar disparos dobles con los gatillos de contacto.
  - Sea especialmente cuidadoso con el clavado oblicuo. Los clavos pueden soltarse antes o durante el disparo porque la pistola no se puede sostener nivelada contra la pieza de trabajo. Use una pistola con dientes en el contacto de seguridad para agarrarla a la pieza de trabajo y evitar que se suelte durante el disparo. Use el gatillo para disparar solo después de que la pieza de contacto de seguridad esté posicionada.

- Reconozca los peligros de los trabajos con pistolas de clavos en las alturas y proporcione más tiempo, y medidas de precaución:
  - Organice el trabajo para minimizar la necesidad de clavar en las alturas.
  - Considere utilizar andamios en lugar de escaleras.
  - Si el trabajo se tiene que realizar en escaleras, utilice clavadoras de disparadores totalmente secuenciales para prevenir las lesiones por pistolas de clavos que pueden ocurrir por golpearse una pierna al subir o bajar por las escaleras.
  - Coloque las escaleras de manera que no tenga que estirarse mucho para alcanzar su objetivo. El arnés de su cinturón debe estar entre las barandas laterales cuando se estire hacia el lado.
  - Mantenga tres puntos de contacto con la escalera todo el tiempo para evitar una caída, lo cual puede hacer necesario utilizar grapas para el trabajo de colocación. Sujetar una clavadora con una mano y la pieza de trabajo con la otra solo da dos puntos de contacto (sus pies). Al estirarse y volver a la posición inicial, puede perder el equilibrio y caer. Las caídas, especialmente con clavadoras de gatillos de contacto, pueden causar lesiones por pistolas de clavos.

Lo que no debe hacer

- Nunca pasar por alto o desactivar los dispositivos de seguridad de las pistolas de clavos. Esto se prohíbe categóricamente. La adulteración incluye remover el resorte del dispositivo de seguridad de contacto o

Trabajador que usa el EPI recomendado cuando trabaja con pistolas de clavo: casco, gafas de seguridad y protección auditiva

amarrar, pegar o asegurar de otra manera el gatillo para que no necesite ser apretado. La adulteración aumenta las posibilidades de que la pistola de clavos se le dispare involuntariamente al usuario actual o a cualquier otra persona que pueda utilizarla. Los fabricantes de pistolas de clavos advierten categóricamente contra las adulteraciones y OSHA exige que las herramientas se mantengan en condición segura. NO hay una razón legítima para modificar o desactivar un dispositivo de seguridad de una pistola de clavos.

- Aconseje a sus trabajadores que mantengan los dedos fuera del gatillo cuando sostengan o transporten una pistola de clavos. Si esto no es natural, los trabajadores deben utilizar una pistola de disparador totalmente secuencial o soltarla hasta que comiencen a clavar de nuevo.

- Nunca baje la pistola de clavos desde arriba ni la jale por la manguera. Si la manguera de la pistola se enreda con algo, no le dé un tirón; acérquese para ver cuál es el problema y libere la manguera.

- Nunca use la clavadora con la mano que no es la dominante.

❹ Suministre equipo de protección individual (EPI)

OSHA exige por lo general zapatos de seguridad que ayudan a proteger los dedos de los pies de los trabajadores de las lesiones por pistolas de clavos en los sitios de construcción residencial. Además, los empleadores deben proporcionar, sin costo para los empleados, el siguiente equipo de protección para los trabajadores que utilizan pistolas de clavos:

- Cascos
- Protección para los ojos de gran impacto: gafas protectoras o anteojos marcados como ANSI Z87.1
- Protección auditiva, como tapones para oídos y orejeras

❺ Promueva que se informe y se hable de las lesiones que ocurrieron y de las que estuvieron a punto de ocurrir

Algunos estudios muestran que muchas lesiones por pistolas de clavos no se notifican. Los empleadores deben asegurarse de que sus reglamentos y prácticas promuevan la notificación de las lesiones por pistolas de clavos. Notificar ayuda a asegurar que los empleados obtengan atención médica (ver el #6 abajo). También ayuda a los contratistas a identificar los riesgos del sitio de trabajo no identificados que pueden generar lesiones adicionales si no se abordan. Las lesiones y las que estuvieron a punto de ocurrir constituyen una oportunidad para enseñar a mejorar la seguridad de los trabajadores.

Si tiene un programa de incentivos de seguridad, asegúrese de que no desmotive a los trabajadores de notificar las lesiones. Los empleadores que intencionalmente dejen de reportar lesiones vinculadas al trabajo estarán violando las normas de OSHA sobre registro de enfermedades y lesiones.

⑥ Proporcione primeros auxilios y tratamiento médico

Los empleadores y trabajadores deben buscar atención médica inmediatamente después de que ocurran lesiones por pistolas de clavos, incluso para las lesiones de las manos que parezcan mínimas. Algunos estudios sugieren que 1 de cada 4 lesiones de las manos por pistolas de clavos pueden incluir algún tipo de daño estructural como fractura de hueso.[13] Materiales como goma, plástico y hasta ropa pueden quedar incrustados en la herida y causar infección. Las púas en los clavos pueden causar lesiones secundarias si el clavo se retira incorrectamente. Estas complicaciones pueden evitarse haciendo que los trabajadores busquen atención médica inmediata.

Comentarios sobre otros peligros

Presión del aire. El uso de herramientas neumáticas y de compresores está regulado por la norma de OSHA para la industria de la construcción, 29 CFR 1926.300(b). A continuación presentamos las disposiciones de esta norma que son relevantes para las pistolas de clavos.

(1) Las herramientas de energía neumática deben asegurarse a la manguera o la rosca de manera adecuada para evitar que se desconecten accidentalmente.

Nota: La Carta de interpretación de OSHA[14] permite el uso de una desconexión rápida con una manga que se tira hacia abajo para cumplir con este requisito. El sistema de desconexión rápida se compone de un enchufe macho (clavija) y un enchufe hembra (de acoplamiento), y tiene una manga que se debe desprender del extremo de la manguera para separar los dos enchufes y evitar que la herramienta quede desconectada accidentalmente.

---

(3) Todas las clavadoras neumáticas, las grapadoras y otros equipos similares de alimentación automática, que funcionan a más de 100 libras por pulgada cuadrada (p.s.i.) de presión en la herramienta, deben tener un dispositivo de seguridad en el orificio para evitar que la herramienta expulse los clavos u otros elementos de fijación, a menos que el orificio esté en contacto con la superficie de trabajo.

(5) No se debe exceder la presión de operación que según el fabricante es segura para las mangueras, tuberías, válvulas, filtros y otros accesorios.

(6) No se debe permitir el uso de mangueras para levantar o bajar herramientas.

Ruido. Las pistolas de clavos neumáticas producen picos de ruido "impulsivo" cortos (menos de una décima de segundo de duración) pero muy fuertes: uno del disparo del clavo y otro de la expulsión del aire. La mayoría de fabricantes de pistolas de clavos recomiendan que los usuarios se pongan protección auditiva cuando trabajen con una clavadora.

Historia en el sitio de trabajo

Un obrero de la construcción accidentalmente se disparó un clavo muy grande en su muslo. No sangró mucho y no buscó atención médica; él mismo se extrajo el clavo. Tres días más tarde, sintió un chasquido en su pierna y un dolor intenso. En la sala de emergencias, los médicos le extrajeron un pedazo de clavo y encontraron que se había fracturado el hueso del muslo. No todas las lesiones son visibles inmediatamente. No buscar atención médica puede resultar en complicaciones y lesiones más graves.

La información disponible indica que el ruido de las pistolas de clavos puede variar dependiendo de la pistola, de la pieza de trabajo, de la presión del aire y del entorno de trabajo. El tipo de sistema de gatillo no parece afectar el nivel de ruido. Los niveles de emisión de picos de ruido para muchas clavadoras oscilaron entre 109 y 136 dBA.[15,16] Estas cortas explosiones ruidosas pueden contribuir a pérdida auditiva. Los empleadores deben suministrar protección auditiva como tapones para oídos y orejeras y asegurarse de que se coloquen correctamente. También deben preguntar sobre el nivel de ruido cuando compren pistolas de clavos; los estudios han identificado maneras de reducir el ruido de las pistolas de clavos y algunos fabricantes pueden incorporar dispositivos de reducción del ruido.[17]

Nota: Las normas de OSHA sobre la exposición a niveles de ruido continuos (29 CFR 1926.52) abordan el nivel de ruido y la duración de la exposición. Según estas normas, los trabajadores expuestos por 15 minutos a 115 decibeles con ponderación A (dBA) tienen la misma exposición que los trabajadores expuestos por 8 horas a 90 dBA.

El límite de NIOSH y OSHA para el ruido impulsivo es 140 decibeles: por encima de este nivel una sola exposición puede causar daño instantáneo al oído.

NIOSH recomienda que una exposición de 8 horas no exceda 85 dBA y que una exposición de un segundo no exceda 130 dBA sin utilizar protección auditiva.

Trastornos musculoesqueléticos. Las pistolas de clavos para el armado de estructuras pueden pesar hasta 8 libras y muchos trabajos de esta clase requieren que los trabajadores sujeten y usen estas pistolas por periodos de tiempo largos en posiciones difíciles o incómodas de las manos y los brazos. Sostener un peso de 8 libras por periodos prolongados puede causar síntomas musculoesqueléticos como dolor o sensibilidad en los dedos, la muñeca o los tendones y músculos del antebrazo. Estos síntomas pueden avanzar a dolores y en los casos más graves, incapacidad para trabajar. Los estudios no han mostrado que un tipo de gatillo tenga más o menos probabilidad de causar problemas musculoesqueléticos debido al uso de pistolas de clavos por periodos de tiempo largos. Si este uso está ocasionando dolor o síntomas de trastornos musculoesqueléticos, debe buscarse atención médica.

Conclusión

Las lesiones por pistolas de clavos son dolorosas. Algunas son graves y pueden ocasionar hasta la muerte. Estas lesiones han estado aumentando con la creciente popularidad de estas poderosas herramientas. Afortunadamente, pueden prevenirse y cada vez más contratistas están haciendo cambios para mejorar la seguridad al usar estas herramientas. Revise sus prácticas y utilice esta guía para mejorar la seguridad en sus lugares de trabajo. Uniendo esfuerzos con los fabricantes de estas pistolas, con los profesionales de salud y seguridad, y con otras organizaciones, podemos reducir las lesiones por pistolas de clavos.

Obtenga información adicional

OSHA
Carpintería 'eTool'—Pistolas de Clavos/Grapas
www.osha.gov/SLTC/etools/woodworking/production_handheldstaplegun.html

Centro para la Investigación y la Capacitación en la Construcción (CPWR)
Alerta de Riesgos de Pistolas de Clavos
www.cpwr.com/hazpdfs/Nail%20Gun%20Safety%202pg%20flier%20FINAL.pdf
Lesiones por pistolas de clavos, productividad y recomendaciones
www.elcosh.org/en/document/1160/d001056/nail-guns%253A-injuries%252C-productivity-and-recommendations.html

Asociación Internacional de Grapas, Clavos y Herramientas
Estándar Nacional Americano SNT-101-2002—Requisitos de Seguridad para Herramientas Portátiles de Impulsar Fijadores Activadas por Aire Comprimido
Página principal www.isanta.org/

Oregon OSHA
Alerta de Riesgos de Seguridad con las Pistolas Neumáticas de Clavos y Grapas
www.orosha.org/pdf/hazards/2993-21.pdf

California OSHA
Clavadoras y grapadoras neumáticas CCR Titulo 8, Sección 704
www.dir.ca.gov/Title8/1704.html

Materiales de video de pistolas de clavos
Columbia Británica 'WorkSafe' —Seguridad con las Pistolas de Clavo, y Manego Seguro de las Pistolas de Clavo
www2.worksafebc.com/Publications/Multimedia/Videos.asp?ReportID=35773

Manejo Inseguro de las Pistolas de Clavos. Estudio de caso y video
www.speakingofsafety.ca/2011/04/28/unsafe-handling-of-nail-guns/

'Sacramento Bee' —Seguridad con las Pistolas de Clavos
www.youtube.com/watch?v=MsCu9luSRRY&feature=related

Referencias y notas finales

[1] 68% of these emergency room visits involved workers and 32% involved consumers. From: Lipscomb H, Jackson L [2007]. Nail-Gun Injuries treated in Emergency Departments—United States, 2001–2005. MMWR 56(14):329–332.

[2] Dement J, Lipscomb H, Leiming L, Epling C, Desai T [2003]. Nail Gun Injuries among Construction Workers. Appl Occup Environ Hyg 18(5):374–383.

[3] Lipscomb H, Dement J, Nolan J, Patterson D [2006]. Nail Gun Injuries in Apprentice Carpenters: Risk Factors and Control Measures. Am J Ind Med 49:505–513.

[4] Lipscomb H, Nolan J, Patterson D, Dement D [2010]. Surveillance of Nail Gun Injuries by Journeyman Carpenters provides important Insight into Experiences of Apprentices. New Solutions 20(1)95–114. Also, Baggs J, Cohen M, Kalat J, Silverstein, B [2001]. Pneumatic Nailer Injuries—A Report on Washington State 1990–1998. Prof Saf Mag January:3V–38.

[5] Consumer Products Safety Commission (CPSC), [2002]. Evaluation of Pneumatic Nailers. Memo from Carolene Paul to Jacqueline Elder. May 23, 2002. See http://www.cpsc.gov/library/foia/foia02/os/nailers.pdf.

[6] Dement J, Lipscomb H, Leiming L, Epling C, Desai, T [2003]. Nail Gun Injuries among Construction Workers. Appl Occup Environ Hyg 18(5):374–383.

[7] American National Standard Institute (ANSI) [2002]. Safety Requirements for Portable, Compressed-Air-Actuated Fastener Driving Tools. ANSI SNT-101-2002 Sections 4.4: Tools shall not be modified or altered; 8.4.2.3: Improperly functioning tools must not be used; 8.4.2.5.1: Do not remove, tamper with, or otherwise cause the tool operating controls to become inoperable.

[8] Lipscomb H, Nolan J, Patterson D, Dement D [2010]. Surveillance of Nail Gun Injuries by Journeyman Carpenters provides important Insight into Experiences of Apprentices. New Solutions 20(1)95–114. Also Lipscomb H, Nolan J, Patterson D, Dement J [2008]. Prevention of Traumatic Nail Gun Injuries in Apprentice Carpenters: Use of Population-Based Measures to Monitor Intervention Effectiveness. Am J Ind Med 51:719–727.

[9] See Footnote 8.

[10] See Footnote 7. See Section 4.1.3.

[11] Lipscomb H, Nolan J, Patterson D, Makrozahopoulos D, Kucera K, Dement J [2008]. How Much Time is Safety Worth? A Comparison of Trigger Configurations on Pneumatic Nail Guns in Residential Framing. Public Health Reports 123:481–486.

[12] See Footnote 3.

[13] Hussey K, Knox D, Lambah A, Curnier A, Holmes J, Davies, M [2008]. Nail Gun Injuries to the Hand. Trauma 64:(1)70–173.

[14] See http://www.osha.gov/pls/oshaweb/owadisp.show_document?p_table=INTERPRETATIONS&p_id=24786.

[15] Health and Safety Executive [2008]. Noise Emissions from Fastener Driving Tools. Research Report 625.

[16] Malkin et al. [2005] An Assessment of Occupational Safety and Health Hazards in Selected Small Business Manufacturing Wood Pallets—Part 1. Noise and Physical Hazards. J Occ Env Hyg 2:D18–21.

[17] See NIOSH-sponsored student engineering studies evaluated nail gun noise and noise reduction options at http://www.cdc.gov/niosh/topics/noise/collegestudents/pneumaticnailgun.html.

www.ingramcontent.com/pod-product-compliance
Lightning Source LLC
Chambersburg PA
CBHW081826170526
45167CB00008B/3555